中华人民共和国民法典

继 承 编

中国法制出版社

中华人民共和国民法典继承编

ZHONGHUA RENMIN GONGHEGUO MINFADIAN JICHENGBIAN

经销/新华书店

印刷/保定市中画美凯印刷有限公司

开本/850 毫米×1168 毫米　32 开　　印张/0.5　字数/5 千

版次/2020 年 6 月第 1 版　　2020 年 6 月第 1 次印刷

中国法制出版社出版

书号 ISBN 978－7－5216－1027－7　　定价：4.00 元

北京西单横二条 2 号

邮政编码 100031　　传真：010－66031119

网址：http：//www.zgfzs.com　　编辑部电话：010－66066621

市场营销部电话：010－66033393　　邮购部电话：010－66033288

（如有印装质量问题，请与本社印务部联系调换。电话：010－66032926）

目　录

中华人民共和国主席令

第四十五号

《中华人民共和国民法典》已由中华人民共和国第十三届全国人民代表大会第三次会议于 2020 年 5 月 28 日通过，现予公布，自 2021 年 1 月 1 日起施行。

中华人民共和国主席　**习近平**

2020 年 5 月 28 日

中华人民共和国民法典（节录）

（2020年5月28日第十三届全国人民代表大会第三次会议通过）

目　　录

第六编　继　　承

第一章　一般规定

第一千一百一十九条　本编调整因继承产生的民事关系。

第一千一百二十条 国家保护自然人的继承权。

第一千一百二十一条 继承从被继承人死亡时开始。

相互有继承关系的数人在同一事件中死亡，难以确定死亡时间的，推定没有其他继承人的人先死亡。都有其他继承人，辈份不同的，推定长辈先死亡；辈份相同的，推定同时死亡，相互不发生继承。

第一千一百二十二条 遗产是自然人死亡时遗留的个人合法财产。

依照法律规定或者根据其性质不得继承的遗产，不得继承。

第一千一百二十三条 继承开始后，按照法定继承办理；有遗嘱的，按照遗嘱继承或者遗赠办理；有遗赠扶养协议的，按照协议办理。

第一千一百二十四条 继承开始后，继承人放弃继承的，应当在遗产处理前，以书面形式作出放弃继承的表示；没有表示的，视为接受继承。

受遗赠人应当在知道受遗赠后六十日内，作出接受或者放弃受遗赠的表示；到期没有表示的，视为放弃受遗赠。

第一千一百二十五条 继承人有下列行为之一的，丧失继承权：

（一）故意杀害被继承人；

（二）为争夺遗产而杀害其他继承人；

（三）遗弃被继承人，或者虐待被继承人情节严重；

（四）伪造、篡改、隐匿或者销毁遗嘱，情节严重；

（五）以欺诈、胁迫手段迫使或者妨碍被继承人设立、变更或者撤回遗嘱，情节严重。

继承人有前款第三项至第五项行为，确有悔改表现，被继承人表示宽恕或者事后在遗嘱中将其列为继承人的，该继承人不丧失继承权。

受遗赠人有本条第一款规定行为的，丧失受遗赠权。

第二章　法定继承

第一千一百二十六条　继承权男女平等。

第一千一百二十七条　遗产按照下列顺序继承：

（一）第一顺序：配偶、子女、父母；

（二）第二顺序：兄弟姐妹、祖父母、外祖父母。

继承开始后，由第一顺序继承人继承，第二顺序继承人不继承；没有第一顺序继承人继承的，由第二顺序继承人继承。

本编所称子女，包括婚生子女、非婚生子女、养子女和有扶养关系的继子女。

本编所称父母，包括生父母、养父母和有扶养关系的继父母。

本编所称兄弟姐妹，包括同父母的兄弟姐妹、同父异母或者同母异父的兄弟姐妹、养兄弟姐妹、有扶养关系的继兄弟姐妹。

第一千一百二十八条 被继承人的子女先于被继承人死亡的，由被继承人的子女的直系晚辈血亲代位继承。

被继承人的兄弟姐妹先于被继承人死亡的，由被继承人的兄弟姐妹的子女代位继承。

代位继承人一般只能继承被代位继承人有权继承的遗产份额。

第一千一百二十九条 丧偶儿媳对公婆，丧偶女婿对岳父母，尽了主要赡养义务的，作为第一顺序继承人。

第一千一百三十条 同一顺序继承人继承遗产的份额，一般应当均等。

对生活有特殊困难又缺乏劳动能力的继承人，分配遗产时，应当予以照顾。

对被继承人尽了主要扶养义务或者与被继承人共同生活的继承人，分配遗产时，可以多分。

有扶养能力和有扶养条件的继承人，不尽扶养义务的，分配遗产时，应当不分或者少分。

继承人协商同意的，也可以不均等。

第一千一百三十一条 对继承人以外的依靠被继

承人扶养的人，或者继承人以外的对被继承人扶养较多的人，可以分给适当的遗产。

第一千一百三十二条 继承人应当本着互谅互让、和睦团结的精神，协商处理继承问题。遗产分割的时间、办法和份额，由继承人协商确定；协商不成的，可以由人民调解委员会调解或者向人民法院提起诉讼。

第三章 遗嘱继承和遗赠

第一千一百三十三条 自然人可以依照本法规定立遗嘱处分个人财产，并可以指定遗嘱执行人。

自然人可以立遗嘱将个人财产指定由法定继承人中的一人或者数人继承。

自然人可以立遗嘱将个人财产赠与国家、集体或者法定继承人以外的组织、个人。

自然人可以依法设立遗嘱信托。

第一千一百三十四条 自书遗嘱由遗嘱人亲笔书写，签名，注明年、月、日。

第一千一百三十五条 代书遗嘱应当有两个以上见证人在场见证，由其中一人代书，并由遗嘱人、代书人和其他见证人签名，注明年、月、日。

第一千一百三十六条 打印遗嘱应当有两个以上

见证人在场见证。遗嘱人和见证人应当在遗嘱每一页签名，注明年、月、日。

第一千一百三十七条 以录音录像形式立的遗嘱，应当有两个以上见证人在场见证。遗嘱人和见证人应当在录音录像中记录其姓名或者肖像，以及年、月、日。

第一千一百三十八条 遗嘱人在危急情况下，可以立口头遗嘱。口头遗嘱应当有两个以上见证人在场见证。危急情况消除后，遗嘱人能够以书面或者录音录像形式立遗嘱的，所立的口头遗嘱无效。

第一千一百三十九条 公证遗嘱由遗嘱人经公证机构办理。

第一千一百四十条 下列人员不能作为遗嘱见证人：

（一）无民事行为能力人、限制民事行为能力人以及其他不具有见证能力的人；

（二）继承人、受遗赠人；

（三）与继承人、受遗赠人有利害关系的人。

第一千一百四十一条 遗嘱应当为缺乏劳动能力又没有生活来源的继承人保留必要的遗产份额。

第一千一百四十二条 遗嘱人可以撤回、变更自己所立的遗嘱。

立遗嘱后，遗嘱人实施与遗嘱内容相反的民事法律行为的，视为对遗嘱相关内容的撤回。

立有数份遗嘱，内容相抵触的，以最后的遗嘱为准。

第一千一百四十三条 无民事行为能力人或者限制民事行为能力人所立的遗嘱无效。

遗嘱必须表示遗嘱人的真实意思，受欺诈、胁迫所立的遗嘱无效。

伪造的遗嘱无效。

遗嘱被篡改的，篡改的内容无效。

第一千一百四十四条 遗嘱继承或者遗赠附有义务的，继承人或者受遗赠人应当履行义务。没有正当理由不履行义务的，经利害关系人或者有关组织请求，人民法院可以取消其接受附义务部分遗产的权利。

第四章 遗产的处理

第一千一百四十五条 继承开始后，遗嘱执行人为遗产管理人；没有遗嘱执行人的，继承人应当及时推选遗产管理人；继承人未推选的，由继承人共同担任遗产管理人；没有继承人或者继承人均放弃继承的，由被继承人生前住所地的民政部门或者村民委员会担任遗产管理人。

第一千一百四十六条 对遗产管理人的确定有争议的，利害关系人可以向人民法院申请指定遗产管理人。

第一千一百四十七条 遗产管理人应当履行下列职责：

（一）清理遗产并制作遗产清单；

（二）向继承人报告遗产情况；

（三）采取必要措施防止遗产毁损、灭失；

（四）处理被继承人的债权债务；

（五）按照遗嘱或者依照法律规定分割遗产；

（六）实施与管理遗产有关的其他必要行为。

第一千一百四十八条 遗产管理人应当依法履行职责，因故意或者重大过失造成继承人、受遗赠人、债权人损害的，应当承担民事责任。

第一千一百四十九条 遗产管理人可以依照法律规定或者按照约定获得报酬。

第一千一百五十条 继承开始后，知道被继承人死亡的继承人应当及时通知其他继承人和遗嘱执行人。继承人中无人知道被继承人死亡或者知道被继承人死亡而不能通知的，由被继承人生前所在单位或者住所地的居民委员会、村民委员会负责通知。

第一千一百五十一条 存有遗产的人，应当妥善保管遗产，任何组织或者个人不得侵吞或者争抢。

第一千一百五十二条 继承开始后，继承人于遗产分割前死亡，并没有放弃继承的，该继承人应当继承的遗产转给其继承人，但是遗嘱另有安排的除外。

第一千一百五十三条 夫妻共同所有的财产，除有约定的外，遗产分割时，应当先将共同所有的财产的一半分出为配偶所有，其余的为被继承人的遗产。

遗产在家庭共有财产之中的，遗产分割时，应当先分出他人的财产。

第一千一百五十四条 有下列情形之一的，遗产中的有关部分按照法定继承办理：

（一）遗嘱继承人放弃继承或者受遗赠人放弃受遗赠；

（二）遗嘱继承人丧失继承权或者受遗赠人丧失受遗赠权；

（三）遗嘱继承人、受遗赠人先于遗嘱人死亡或者终止；

（四）遗嘱无效部分所涉及的遗产；

（五）遗嘱未处分的遗产。

第一千一百五十五条 遗产分割时，应当保留胎儿的继承份额。胎儿娩出时是死体的，保留的份额按照法定继承办理。

第一千一百五十六条 遗产分割应当有利于生产和生活需要，不损害遗产的效用。

不宜分割的遗产，可以采取折价、适当补偿或者共有等方法处理。

第一千一百五十七条 夫妻一方死亡后另一方再婚的，有权处分所继承的财产，任何组织或者个人不得干涉。

第一千一百五十八条 自然人可以与继承人以外的组织或者个人签订遗赠扶养协议。按照协议，该组织或者个人承担该自然人生养死葬的义务，享有受遗赠的权利。

第一千一百五十九条 分割遗产，应当清偿被继承人依法应当缴纳的税款和债务；但是，应当为缺乏劳动能力又没有生活来源的继承人保留必要的遗产。

第一千一百六十条 无人继承又无人受遗赠的遗产，归国家所有，用于公益事业；死者生前是集体所有制组织成员的，归所在集体所有制组织所有。

第一千一百六十一条 继承人以所得遗产实际价值为限清偿被继承人依法应当缴纳的税款和债务。超过遗产实际价值部分，继承人自愿偿还的不在此限。

继承人放弃继承的，对被继承人依法应当缴纳的税款和债务可以不负清偿责任。

第一千一百六十二条 执行遗赠不得妨碍清偿遗赠人依法应当缴纳的税款和债务。

第一千一百六十三条 既有法定继承又有遗嘱继

承、遗赠的，由法定继承人清偿被继承人依法应当缴纳的税款和债务；超过法定继承遗产实际价值部分，由遗嘱继承人和受遗赠人按比例以所得遗产清偿。

……

附　　则

第一千二百五十九条　民法所称的“以上”、“以下”、“以内”、“届满”，包括本数；所称的“不满”、“超过”、“以外”，不包括本数。

第一千二百六十条　本法自2021年1月1日起施行。《中华人民共和国婚姻法》、《中华人民共和国继承法》、《中华人民共和国民法通则》、《中华人民共和国收养法》、《中华人民共和国担保法》、《中华人民共和国合同法》、《中华人民共和国物权法》、《中华人民共和国侵权责任法》、《中华人民共和国民法总则》同时废止。